小实验串起科学史（全20册）

从光学原理到显微镜

路虹剑 / 编著

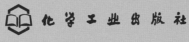

化学工业出版社

·北京·

图书在版编目（CIP）数据

小实验串起科学史 . 从光学原理到显微镜 / 路虹剑
编著 . —北京：化学工业出版社，2023.10
　ISBN 978-7-122-43908-6

　Ⅰ . ①小… Ⅱ . ①路… Ⅲ . ①科学实验 - 青少年读物
Ⅳ . ①N33-49

　中国国家版本馆 CIP 数据核字（2023）第 137343 号

责任编辑：龚　娟　肖　冉　　　　　　装帧设计：王　婧
责任校对：宋　夏　　　　　　　　　　插　　画：关　健

出版发行：化学工业出版社（北京市东城区青年湖南街 13 号 邮政编码 100011）
印　　装：盛大（天津）印刷有限公司
710mm×1000mm　1/16　印张 40　字数 400 千字
2024 年 4 月北京第 1 版第 1 次印刷

购书咨询：010-64518888
售后服务：010-64518899
网　　址：http://www.cip.com.cn
凡购买本书，如有缺损质量问题，本社销售中心负责调换。

定价：360.00 元（全 20 册）

作者序

在小小的实验里挖呀挖呀挖，
挖出了一部科学史！

  一个个小小的科学实验，好比一颗颗科学的火种，实验里奇妙、有趣的科学现象，能在瞬间激起孩子的好奇心和探索欲。但这些小实验并不是这套书的目的和重点，它们只是书中一连串探索的开始。

  先动手做一个在家里就能完成的科学实验，激发孩子的好奇，自然而然地，孩子会问"为什么"，这时候告诉他这个实验的科学原理，是不是比直接灌输科学知识更能让孩子接受呢？

  科学原理揭秘了，孩子的思绪就打开了，会继续追问：这是哪位聪明的科学家发现的？他是怎么发现的呢？利用这个科学发现，又有哪些科学发明呢？这些科学发明又有哪些应用呢？这一连串顺

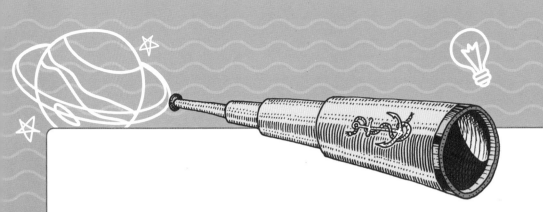

理成章、自然而然的追问，是不是追问出一部小小的科学史？

你看《从惯性原理到人造卫星》这一册，先从一个有趣的硬币实验（实验还配有视频）开始，通过实验，能对经典物理学中的惯性有个直观的了解；紧接着通过生活中的一些常见现象来加深对惯性的理解，在大脑中建立起看得见摸得着的物理学概念。

接下来，更进一步，会走进科学历史的长河，看看是哪位伟大的科学家首先发现了惯性原理；惯性原理又是如何体现在宇宙中星体的运动里的；是谁第一个设计出来人造卫星，这和惯性有着怎样的关系；我国的第一颗人造卫星是什么时候发射升空的……

这套书共有 20 个分册，每一个分册都有一个核心主题，从古代人类文明，到今天的现代科技，内容跨越了几千年的历史，能读到伽利略、牛顿、法拉第、达尔文等超过 50 位伟大科学家的传奇经历，还能了解到火箭、卫星、无线电、抗生素等数十种改变人类进程的伟大发明的故事。

这套书涉及多个学科，可以引导孩子在无数的"问号"中深度思考，培养出科学精神、科学思维、科学素养。

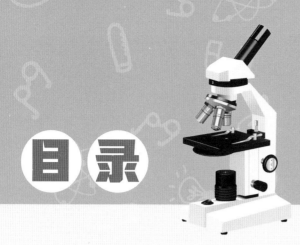

目录

你试过用显微镜观察物体吗？在显微镜被发明之前，人类的视野只能看到一个常规的世界。但有了显微镜后，一个新的微小的世界向人类敞开了，无论是生物学，还是医学、材料学，都因为显微镜的应用而得到了快速发展。

当然，显微镜的发明和人们对光的研究有着密不可分的关系。那么关于光的传播，你有多少了解呢？

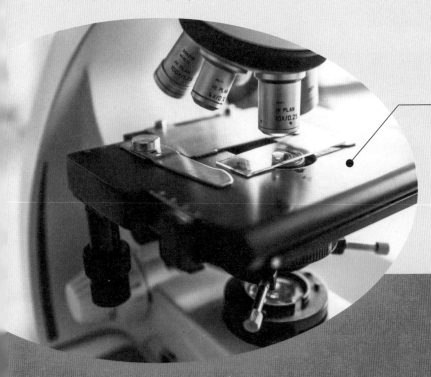

显微镜的发明推动了生物学和医学的发展

小实验：
反转箭头和消失的试管

下面这两个有趣的小实验，或许会让你感受到光的"魔法"。

扫码看实验

实验准备

A4 纸、马克笔、玻璃杯和甘油。

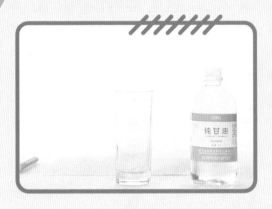

实验步骤

1 用马克笔在纸上画两个黑色的箭头，放在空玻璃杯的后面。

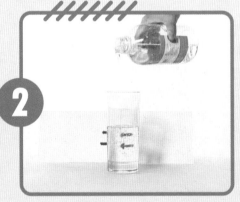

2 往玻璃杯里倒入甘油，然后再从正前方观察，看看你发现了什么？

通过杯子，我们看到白纸上的黑色箭头不仅变大了，而且还掉转了方向，这是什么原因呢？你可以想一想。

实验准备

甘油，玻璃杯、试管。

我们再做第二个小实验——消失的试管。

扫码看实验

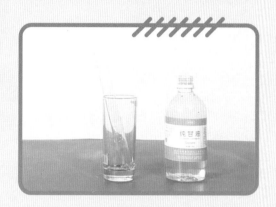

实验步骤

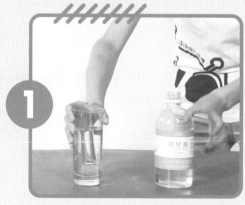

① 将试管放在玻璃杯中，向杯中倒入甘油。

② 再向试管中倒入甘油，透过杯子观察试管。

你会观察到，杯子里的试管从视野中消失了，这又是怎么一回事儿呢？

实验背后的科学原理

在第一个实验中，我们在白纸上画了两个黑色的箭头。透过空的玻璃杯，我们看到的依旧是两个黑色的箭头。但是，往玻璃杯中倒入纯甘油后，我们透过玻璃杯看到箭头不仅变大了，连指向也发生了反转。这是因为当玻璃杯中有甘油时，甘油和玻璃的折射率不同，光的传播方向发生了很大的变化所导致。

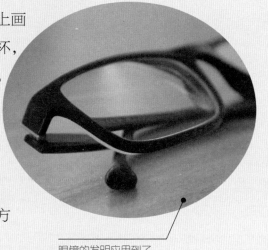

眼镜的发明应用到了光的折射原理

你知道吗？光的折射在生活中有很多的应用。近视眼镜、远视眼镜都是利用光的折射制成的。没有光的折射，人的近视和远视也就无法通过配戴眼镜来矫正。

光纤通信也是利用光的折射实现信息传递的，由于光在光导纤维中传导，其损耗比电在电线传导的损耗低得多，所以，光纤被用作长距离的信息传递。

光纤通信用于长距离信息传递

　　而在第二个实验中，试管的消失是由于全反射。在试管里加入甘油之前，光线通过试管中的空气，然后穿过杯子中的甘油，进入我们的眼睛里，我们看到试管。空气和甘油虽然都是透明的，但是它们的折射率不同，因此试管和甘油看起来是有差别的。试管中加入甘油后，内外甘油的折射率相同，基本不发生折射，所以看起来试管好像溶解在甘油中了。

古代人是如何理解光的？

　　和经典力学一样，光学也是物理科学里的一个重要领域。早在公元前 7 世纪，人们就已经开始研究和应用光学了，那时候的古埃及人和美索不达米亚人已经开始磨制和使用透镜，用来聚焦阳光或放大影像。

古埃及人已经开始利用太阳光了

公元前 5 世纪前后，古印度的一些学者已经对光产生了独特的理论。例如数论派认为光是组成世间万物的微尘之一，而胜论派的学者则认为物质世界有土、水、火和空气这 4 种最基本的原子，光是高速的火所产生的原子流。

到了 5 世纪，印度佛教发展出了一种原子论哲学，认为光是和能量等同的原子体，组成世界的原子实体是光或能量流动的结果，所有物质都可以看作由光粒子所构成。

到了古希腊时期，哲学家和科学家们对光又有了新的见解，诞生了

古希腊哲学家柏拉图

"进入说"和"发射说"这两种截然不同的理论。"进入说"指的是从物体表面蜕出的原子大小的影像，经过空间进入眼睛，形成了影像。而"发射说"正好相反，指的是眼睛会发出"焰光"，当这种"焰光"接触到物体后会形成视觉。

约公元前 360 年，古希腊哲学家柏拉图（公元前 427—公元前 347）综合了前述两种理论，提出了"遇见说"。柏拉图认为，从眼睛发射出的"焰光"会与日光合并，产生一种具有察觉性的介质，当这介质遇到从物体表面蜕出的粒子时，会产生振荡，从而促成视觉的产生。

光学的一个突破是在公元前 300 年左右，古希腊数学家欧几里得（约公元前 330—公元前 275）创建了几何视觉理论，并发展出透视法理论。欧几里得认为，从眼睛发射出的视线会形成一个圆锥，顶点是眼睛，底面决定了视域。

古希腊哲学家柏拉图

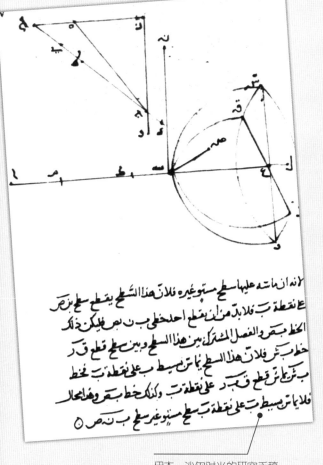

伊本·沙尔对光的研究手稿

随后，在公元 2 世纪，数学家、天文学家克罗狄斯·托勒密（约 90—168）继续了欧几里得等人的成就，仔细分析光的反射机制，给出一套相当完整的反射理论。托勒密还设计出关于折射的实验，并且实际完成了实验。

到了中世纪之后，人们对光学的研究又有了新的进展。例如"屈光学先驱"伊朗学者伊本·沙尔最先准确表达出了折射定律，但可惜他的研究结果并没有被其他学者注意到。

关于眼镜的趣历史

在 1268 年，英国著名自然科学家罗吉尔·培根（约 1214—1293）是最早对用于光学目的的透镜做了记录的人。差不多同一时期，不论在中国，还是在欧洲，都出现了用于阅读的眼镜。中国在宋朝以前已经出现了眼镜的雏形；在欧洲，古时亦有之，据说眼镜最早出现在意大利。虽然现今关于眼镜是从中国传入欧洲还是从欧洲传入中国这个问题一直存在争议，但是争议并不影响人类古代已经有眼镜的事实。不过，当时的眼镜还只是放大透镜，属于老花镜，只能对远视做适当矫正，对近视是不起作用的。

戴在鼻梁上的眼镜直到 16 世纪后才出现

直到 15 世纪，意大利才出现了用于矫正近视的眼镜。最初发明的眼镜与现今的眼镜有很大不同，它不是戴在鼻梁上的，而是拿在手中的，这是因为最初的眼镜只是单框镜，不能把它放到鼻梁上。

戴着双焦距眼镜的富兰克林

美国科学家、发明家、开国元勋之一本杰明·富兰克林（1706—1790），因同时患有近视和远视两种眼疾，发明了世界上第一副双焦距眼镜。另外，在古代还没有发明出隐形眼镜。

从开普勒到牛顿的光学研究

到了文艺复兴时期，科学的研究进入了新的阶段，除了经典力学以外，光学的研究和发展也有了很大的进步。

德国著名天文学家、物理学家开普勒

德国著名的天文学家、物理学家约翰内斯·开普勒（1571—1630），从他1600年的月球论文中开始了对光学定律的研究。在1603年的大部分时间里，开普勒暂停了他的其他工作，专注于光学理论，并最终以《天文学的光学需知》出版。

在这本书中，开普勒描述了控制光强度的平方反比定律、平面镜和曲面镜的反射、针孔相机的原理，以及光学的天文意义，如视差和天体的表面大小。开普勒也因此被誉为"现代实验光学的奠基人"。

开普勒的研究为今天的
宇宙探索奠定了基础

开普勒行星运动三大定律

除了光学以外，开普勒最为知名的发现，就是行星运动三大定律，这三大定律分别是轨道定律、面积定律和周期定律。

这三大定律可分别描述为：所有行星分别是在大小不同的椭圆轨道上运行；在同样的时间里行星径向在轨道平面上所扫过的面积相等；行星公转周期的平方与它同太阳距离的立方成正比。这三大定律最终使他赢得了"天空立法者"的美名。

　　艾萨克·牛顿（1643—1727）研究了光的折射，证明用三棱镜可以将白光分解成各种颜色的光谱，而用透镜和第二个棱镜可以将各种颜色的光谱重新组合成白光。不同波长的光，折射率不同，例如在可见光中，红光波长最长，折射率最小；紫光波长最短，折射率最大。这一重要发现，成为光谱分析的基础。

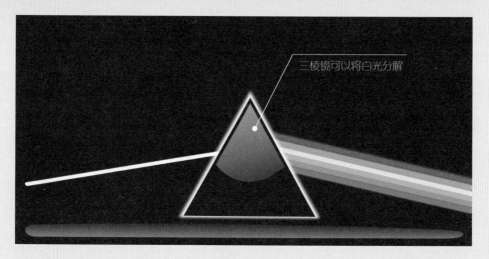

三棱镜可以将白光分解

牛顿还指出，无论光是被反射、散射还是透射，它都保持相同
的颜色。他观察到，颜色是物体与已经着色的光相互作用的结果，
而不是物体本身产生颜色。这就是著名的牛顿色彩理论。

1704 年，牛顿出版了《光学》一书，阐述了他的光的微粒理论。
他认为光是由极其微小的微粒构成的，而普通物质是由更大的微粒
构成的。

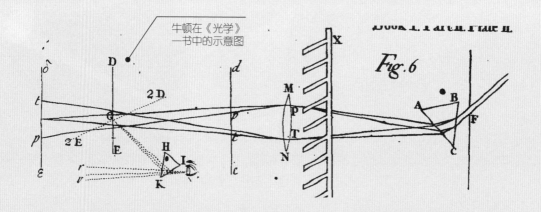

牛顿在《光学》
一书中的示意图

随着开普勒、牛顿等科学家对光学的研究和推进，光学逐渐成
为一门重要学科，直到今天的量子光学、原子光学，都是科学研究
的重要领域。

光究竟是什么？

光到底是什么呢？其实这个问题在历史上也一直被科学家们争论着。

荷兰科学家惠更斯
首次提出了光具有波动性

有的科学家如荷兰科学家克里斯蒂安·惠更斯（1629—1695）认为光具有波动性，在1690年，他用波动学成功地解释了为什么光在界面上能够同时发生反射和折射的现象，并且从中推导出了光学中重要的两大定律——光的反射定律和折射定律。

不过在18世纪初期，牛顿提出了光的微粒说，能够解释很多光的波动说完全不能解释的现象，例如光的直线传播，这一说法彻底将光的波动说打压下去。直到1801年，英国的著名物理学家托马斯·杨（1773—1829）通过双缝干涉实验，发现了光具有波才具有的干涉现象，人们才进一步关注了光的波动学说。

托马斯·杨通过实验奠定了
光的波动说基础

那么光到底是什么？直到著名的科学家阿尔伯特·爱因斯坦的出现，这个问题才得到解答。

1905年3月，刚刚26岁的犹太裔科学家阿尔伯特·爱因斯坦在德国的《物理学报》上发表论文，认为：对于时间的平均值，光表现为波动性；而对于时间的瞬间值，光表现为粒子性。这一科学理论也得到了科学界的广泛认可。

爱因斯坦开创性地
提出了"光子"的概念

　　爱因斯坦提出的理论对立统一地将光的波动性和粒子性联系起来，认为光既能够像波一样向前传播，又表现出粒子的特性，即具有波粒二象性。并且开创性地提出了"光子"的概念，并认为光子也可以称为光量子，是一种基本粒子，一种不带电的稳定粒子，是电磁辐射的载体。

　　光子和电子还有一种光电效应：当光子照射到金属表面时，一次被金属中的电子全部吸收，而无须电磁理论所预计的那种积累能量的时间；电子把这能量的一部分用于克服金属表面对它的吸收即做逸出功，余下的就变成电子离开金属表面后的动能。

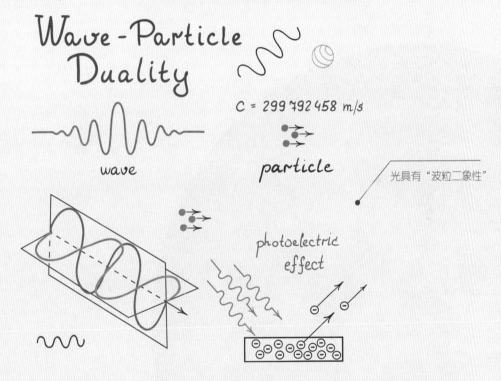

Wave-Particle
Duality

$C = 299\,792\,458\ m/s$

wave

particle

光具有"波粒二象性"

photoelectric effect

　　爱因斯坦也因为光电效应获得了 1921 年的诺贝尔物理学奖。当然，爱因斯坦的成绩远不止于此，他还创立了狭义相对论和广义相对论，开创了现代科学技术新纪元，被公认为是继伽利略、牛顿之后最伟大的物理学家。

光是如何产生的?

光是怎么产生的呢?这个问题很有趣,当太阳从东边升起来的时候,地球上就有了光;当黑暗中的电灯打开时,屋子里就有了光;当生日蛋糕上的蜡烛被点燃的时候,四周也会充满光;当进行化学实验的时候,也常常会看到发光的现象。

从我们身边发光的现象可以看出,光是由光源产生的,人类通过接受光源所发出的光,才能看清这个世界。不同光源产生光的途径也是不一样的,大致可以分为三种情况:

第一种是热致发光,太阳就是一个很好的例子,太阳就如一个燃烧的大火球,表面的温度约有5500摄氏度,而核心区的温度有1000万摄氏度以上,因而发出耀眼的光。不过热致发光有一个特性:光的颜色会随着温度的变化而变化。

太阳是一个
发光发热的大火球

第二种是原子跃迁发光，不同的原子在不同的状态下发出的光也是不一样的。

原子在跃迁时
也会发光

第三种是同步辐射发光，在发光的同时伴有非常大的能量。科学家们研究的原子炉发光就属于同步辐射。

原子炉的发光
属于同步辐射

光产生之后就以光子的形态存在，并且具有波粒二象性，但在光的传播过程中，光到底会不会最终完全消失呢？其实这个问题很有趣，现在科学上也没有统一的答案，你也可以试着发表一下自己的看法。

放大镜为什么能放大？

透镜在我们的生活中也非常常见，例如常见的近视镜、放大镜、老花镜等。从科学角度讲，透镜是一种由透明物质组成的光学元件，这种光学元件的表面和普通镜子不一样，它们是球面的。透镜所成的像比较复杂，有实像也有虚像。

凸透镜和凹透镜的基本原理

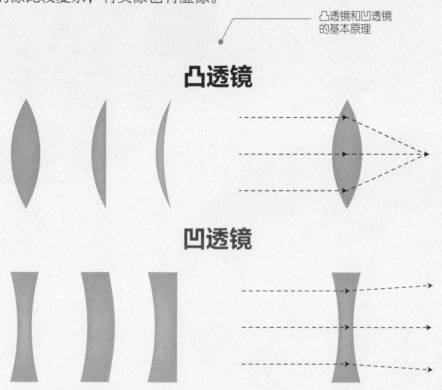

凸透镜

凹透镜

基本透镜有凹透镜和凸透镜两种。中间薄，边缘厚的为凹透镜；而中间厚、边缘薄的为凸透镜。一般来说，凹透镜对光线有发散作用，而凸透镜则对光线有汇聚作用。那么，放大镜是一种怎样的透镜呢？放大镜是一种能够用来观察物体细节，放大物体的光学器件。放大镜非常简单，并且可以直接目视，是生活中常见的光学器件。放大镜的本质是凸透镜，该透镜的焦距比眼的明视距离小得多。

　　放大镜能够放大的主要原因在于能够增大人眼的视角，我们一般把物体在人眼视网膜上所成像的大小正比于物对眼所张的角称为视角。一般来说，视角愈大，像也愈大，继而也就愈能分辨物体的细节，也就能够看清楚更微小的事物了。

放大镜可以
增大观察者的视角

　　移近物体确实可以增大看事物的视角，但是人的眼睛调焦能力有限，所以分辨率也是有限的。这时如果使用放大镜，当放大镜紧靠人眼时，就会在人眼视力范围内形成一个正立的虚像。从这个角度来说，放大镜主要的作用是放大了人类能够观察物体的视角，继而起到放大物体的效果。

　　人类制造和研究放大镜的历史非常悠久，在一千多年前，人类就会把透明的水晶或者宝石磨成透镜，继而可以起到放大影像的作用。意大利旅行家马可·波罗（1254—1324）也曾描述看到有中国人戴着眼镜来放大字体，这样看来在元朝（1271—1368），放大镜已经非常普及了。

列文虎克和显微镜

几千年来，人类所能看到的最小物体也只有头发直径那么宽。到了 13 世纪左右，放大镜才被广泛使用。但是放大镜对物体的放大能力是有限的，而当显微镜在 1590 年左右被发明时，人们突然看到了一个全新的世界。

据记载，大约在 1590 年，一个偶然的机会，两名荷兰眼镜制造商——扎卡莱斯·詹森和他的儿子汉斯·詹森在实验用的管子里放入几个透镜时，发现附近的物体看起来很大，这是复合显微镜和望远镜的先驱。

1609 年，现代物理学和天文学之父伽利略听说了这些早期实验，研究出了透镜的原理，并制造了一种带有聚焦装置的仪器用来观察和实验。

ZACHARIAS IANSEN,
sive Ioannides primus Conspiciliorum inventor.

荷兰眼镜制造商
扎卡莱斯·詹森

在 17 世纪中期，荷兰商人、科学家安东尼·范·列文虎克将显微镜推向了一个新的高度。安东尼·范·列文虎克（1632—1723）一开始在一家干货商店当学徒，在那里，人们用放大镜来数布里的线。

发明显微镜的列文虎克

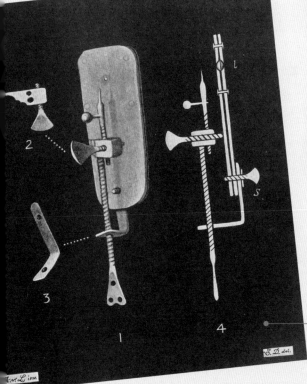

列文虎克的显微镜组件

心灵手巧的列文虎克，开始试验新的研磨透镜的方法，以提高其光学质量。他总共研磨了大约 550 个镜头，其中一些镜头的线性放大率高达 720 倍，这是一个惊人的成就。

这些成就了他的显微镜的制造和使他闻名的生物学发现。列文虎克是第一个看到并描述细菌、酵母植物、一滴水中有丰富的生命以及毛细血管中的血球循环的人。

在漫长的一生中，他利用他的透镜对各种各样的事物进行了开创性的研究，包括生物和非生物，并在给英国皇家学会和法国科学院的数百封信中报告了他的发现。

列文虎克的观察记录（后期上色）

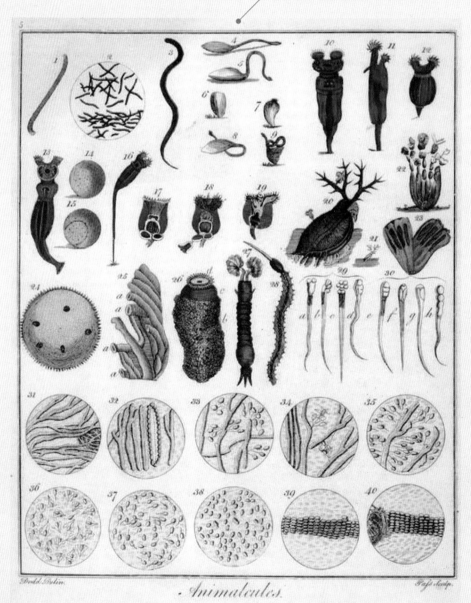

显微镜的结构和原理

一般来说，光学显微镜主要由目镜、物镜、载物台和反光镜组成。目镜和物镜都是凸透镜，焦距不同。物镜相当于投影仪的镜头，物体通过物镜成倒立、放大的实像。目镜相当于普通的放大镜，该实像又通过目镜成正立、放大的虚像。反光镜用来反射，照亮被观察的物体。

谁发明了电子显微镜?

到了 19 世纪中期，美国人查尔斯·A.斯宾塞制造了一种了不起的显微镜，虽然这种显微镜体积不大，但在普通光线下放大倍数可达 1250 倍，在蓝光下放大倍数可达 5000 倍。

1846 年，光学企业家德国人卡尔·蔡司创立了一家精密光学仪器加工厂，并在次年开始生产显微镜。1866 年，物理学家恩斯特·阿贝加入卡尔·蔡司的企业，他的成像理论给显微镜带来了革命性的发展，奠定了人类高性能光学的基础。

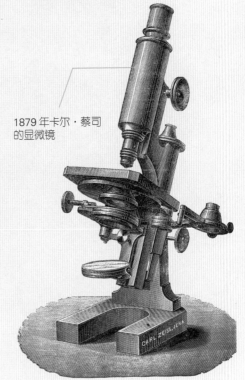

1879 年卡尔·蔡司的显微镜

不过，随着科技的进步，光学显微镜遇到了局限性——即使拥有再完美的透镜，也无法看到任何直径小于 0.275 微米的物体。直到 20 世纪 30 年代，电子显微镜的问世解决了这一问题。

1931 年，德国人马克斯·克诺尔和恩斯特·鲁斯卡共同发明了电子显微镜。1986 年，恩斯特·鲁斯卡因这一发明获得了诺贝尔物理学奖。

鲁斯卡设计制成的
电子显微镜

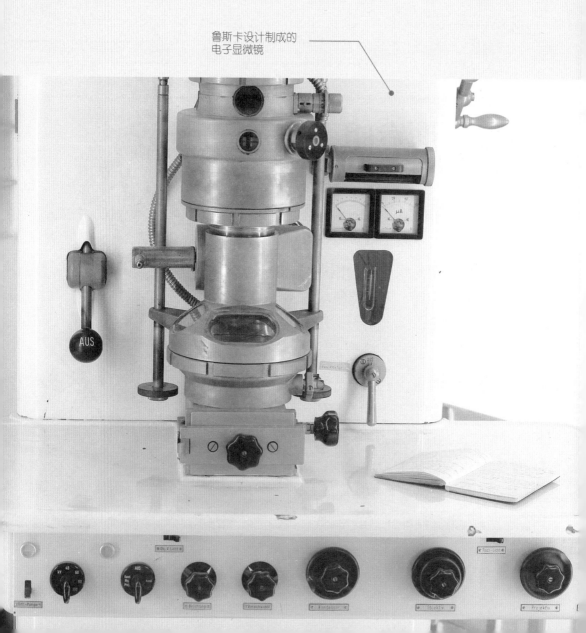

电子显微镜是一个伟大的突破，电子在真空中被加速，直到它们的波长非常短，只有白光的十万分之一。这些快速移动的电子束聚焦在细胞样本上，并被细胞的各个部分吸收或散射，从而在对电子敏感的感光板上形成图像。

电子显微镜下的厌氧菌

从理论上来说，如果发展到极限，电子显微镜可以观察到小到原子直径的物体。这对于我们了解物质的微观组成、医学研究的深入和新材料的研发等，都有至关重要的促进作用。

留给你的思考题

1. 如果我们把上面两个实验中的甘油换成水，那么还会有同样的效果出现吗？

2. 显微镜可以有哪些造福人类的应用？你能否举例说明？

你知道吗？

美丽的晚霞是如何形成的？

在日出和日落前后的天边，时常会出现五彩缤纷的彩霞。朝霞和晚霞的形成都是由于空气对光线的散射作用。当太阳光射入大气层后，遇到大气分子和悬浮在大气中的微粒，就会发生散射。

这些大气分子和微粒本身是不会发光的，但由于它们散射了太阳光，使每一个大气分子都形成了一个散射光源。太阳光谱中的波长较短的紫、蓝、青等颜色的光最容易散射出来，而波长较长的红、橙、黄等颜色的光透射能力很强。因此，我们看到晴朗的天空总是呈蔚蓝色，而地平线上空的光线只剩波长较长的黄、橙、红光了。这些光线经空气分子和水汽等杂质的散射后，那里的天空就带上了绚丽的色彩。